欢迎来到
怪兽学园

______________ 同学，开启你的探索之旅吧！

献给所有充满好奇心的小朋友和大朋友。

——傅渥成

献给我的女儿豆豆和暄暄，以及一起努力的孩子们！

——郭汝荣

图书在版编目（CIP）数据

怪兽学园．物理第一课．3，超神秘力量 / 傅渥成著；郭汝荣绘．—北京：北京科学技术出版社，2023.10
ISBN 978-7-5714-2964-5

Ⅰ．①怪… Ⅱ．①傅… ②郭… Ⅲ．①物理－少儿读物 Ⅳ．① Z228.1

中国国家版本馆 CIP 数据核字（2023）第 047051 号

策划编辑：吕梁玉
责任编辑：张 芳
封面设计：天露霖文化
图文制作：杨严严
责任印制：李 茗
出 版 人：曾庆宇
出版发行：北京科学技术出版社
社 址：北京西直门南大街 16 号
邮政编码：100035
ISBN 978-7-5714-2964-5

电 话：0086-10-66135495（总编室）
0086-10-66113227（发行部）
网 址：www.bkydw.cn
印 刷：北京利丰雅高长城印刷有限公司
开 本：720 mm × 980 mm 1/16
字 数：25 千字
印 张：2
版 次：2023 年 10 月第 1 版
印 次：2023 年 10 月第 1 次印刷

定 价：200.00 元（全 10 册）

3 超神秘力量

运动

傅渥成◎著　郭汝荣◎绘

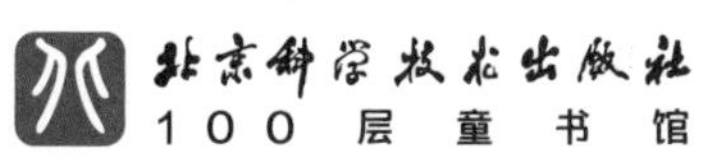

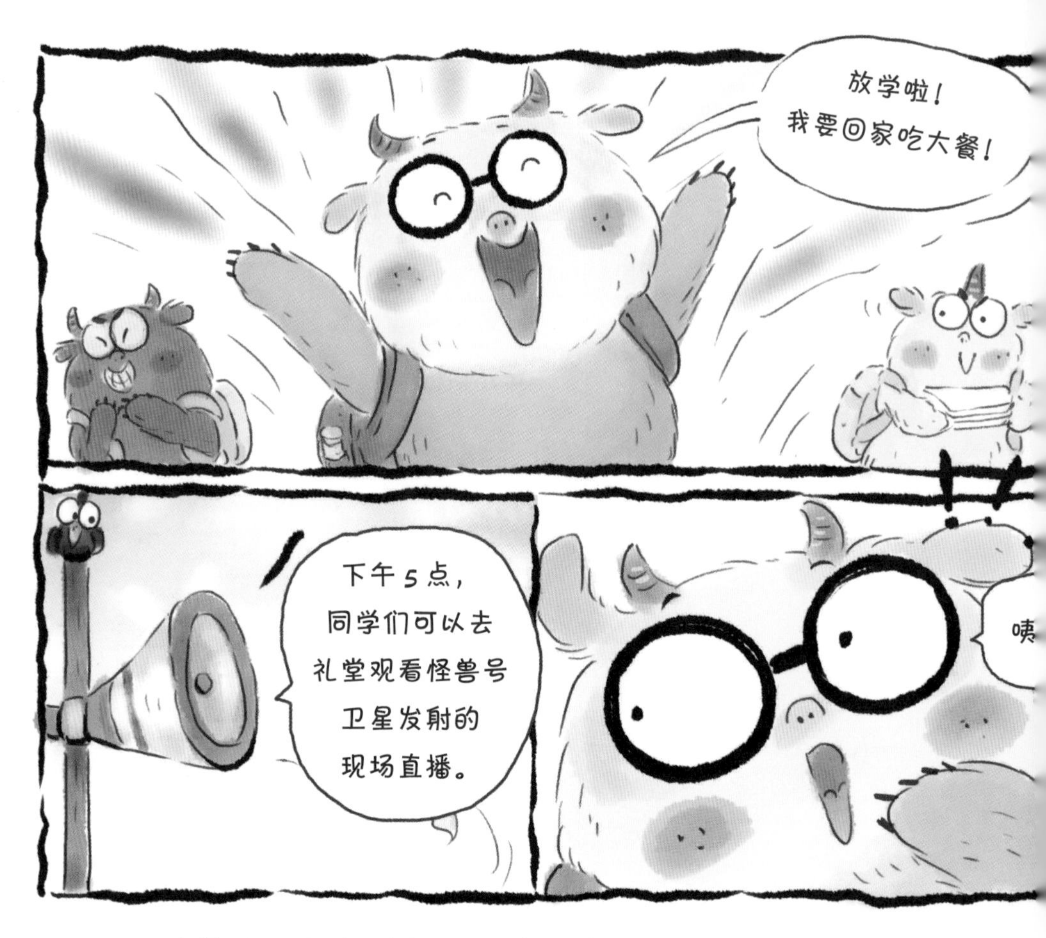

放学后，阿成叫住了正要回家的飞飞，因为他听说可以去怪兽学园礼堂观看怪兽号卫星发射的现场直播。卫星发射这么激动人心的时刻怎么能错过呢？

飞飞跟着阿成来到了礼堂，发现好多小怪兽早早就来了，礼堂几乎座无虚席。
6
阿成，好像没有座位了！
啊……可我好想观看卫星发射的直播呀！

阿成、飞飞，到我这里来！
伽利略！
就这样，阿成和飞飞坐到了伽利略两侧的空位上。
太好了！

“10……3、2、1，点火！”伴随着震耳的轰鸣声和耀眼的火焰，搭载着卫星的火箭顺利升空了。
哇！
哇！
哇！
哇！
哇！
哇！

太酷了！

太震撼了！

哇！好壮观呀

你们说，那么重的火箭
是怎么飞起来的啊？

不知道。

我知道！是因为火箭向下喷出的
气体给了它向上的推力！
是牛顿呀！

牛顿小课堂

牛顿第三运动定律

两个物体之间的作用力和反作用力总是大小相等，方向相反，作用在同一条直线上。

十几分钟后，怪兽号卫星脱离火箭顺利进入了既定轨道，开始围绕地球旋转。

大屏幕里传来了怪兽科学家们兴奋的呼喊声，礼堂里也响起了怪兽们热烈的掌声。

成功啦！
太棒啦！
酷！

怪兽号卫星平稳地环绕着地球飞行，仿佛漂浮在太空中一般。观看完直播后，三个人都觉得意犹未尽。在回家的路上，他们还在热烈地讨论。

阿成、飞飞和伽利略你一言我一语，争得不可开交。
是一种神秘的悬浮术！
是魔法的作用！
是因为有轨道！

此时，他们都还不知道，路边的芒果树上，
一个熟透的芒果正摇摇欲坠。
哎
哟
是谁?
既然你砸到我了，
就接受被我吃掉的惩罚吧!
芒果!!

不知何时，牛顿出现在了三人的身后。
哈哈哈哈，你们知道吗？芒果和卫星受同一种神秘力量的影响。

三只怪兽都一脸惊诧。
芒果

啊？可是它们完全不一样啊！
就是！
芒果从树上掉下来了，但是卫星没有从天上掉下来呀……
是啊，而且芒果掉下来的时候，速度越来越快。可是卫星进入轨道之后，速度就不变了。

没错，不过你们仔细想想看，
芒果和卫星有什么共同点？
我知道了！
它们做的都不是匀速直线运动。
你们看，芒果掉下来，速度越来越快，
说明它不是匀速运动的。
卫星绕着地球转动时，虽然它的速度
几乎不变，但是它的运动方向一直在
改变，它“走”的并不是直线。

牛顿小课堂

	芒果	卫星
速度	加快	不变
运动轨迹	直线	圆
匀速运动	否	是
直线运动	是	否
匀速直线运动	否	否

如果物体的速度或者运动方向发生了改变，
它就不能保持静止状态或者匀速直线运动状态，
我们就说它的“运动状态发生了改变”。物体
运动状态发生改变，一定是受到了力的作用。

加速、减速、左转弯、右转弯……
所有这些运动状态发生改变的
情况都跟力有关。
力好神奇啊，能让
卫星乖乖地绕着地球飞行。

芒果从树上掉下来，它的运动状态发生了改变，这是因为受到了地球的引力的作用吧？
引力
那卫星能绕着地球转，它的运动状态也发生了改变，这又是受到了什么力的作用呢？

牛顿大炮

其实让卫星绕着地球转而不掉下来的力也是引力。你拿着一个苹果，松开手，它受到地球的引力，会逐渐加速，最终落到地上。

假如我们站在高处，用大炮沿着水平方向发射一个苹果，苹果就不会落在原地，而会落在远处某个地方。如果我们让大炮射出的苹果速度再快点儿，苹果的落地点会越来越远，1 千米、10 千米、100 千米、1000 千米……

可以想象，当苹果的速度足够快时，
它就有可能绕过整个地球，击中我们的后脑勺。

哈！
哈！
哈！
牛顿大炮也太好笑了！
哈！
哈！
哈哈哈哈哈哈哈，打到后脑勺！

这样一来，从我的大炮
射出去的苹果，其实绕
着地球转了一圈！
这个打到我后脑勺的苹果，其实
就相当于大炮发射的一颗卫星。

月球
地球
那月球能绕着地球转，也是因为它受到了引力吗？

没错！当大炮发射出的苹果速度快到一定程度时，
它就不会落到地面上，而会绕着地球旋转。月球就是这样。
它以大约 1000 米 / 秒的速度运行，所以不会落在地球上，而是成为
地球的卫星。确切地说，月球能绕着地球转，是万有引力在起作用。

万有引力定律

任何物体之间都有相互吸引的力，这个力的大小与两物体质量的乘积成正比，与它们之间距离的平方成反比。这就是万有引力定律，它是牛顿在 1687 年发现的。

当然啦！任何两个物体之间都有引力，不过我们之间的引力太弱了，只有与地球那么大的物体之间的引力才能体现出来。在我们的日常生活中，我们身边其他物体的引力不会影响我们的正常活动。
那……我跟你之间也有引力吗？

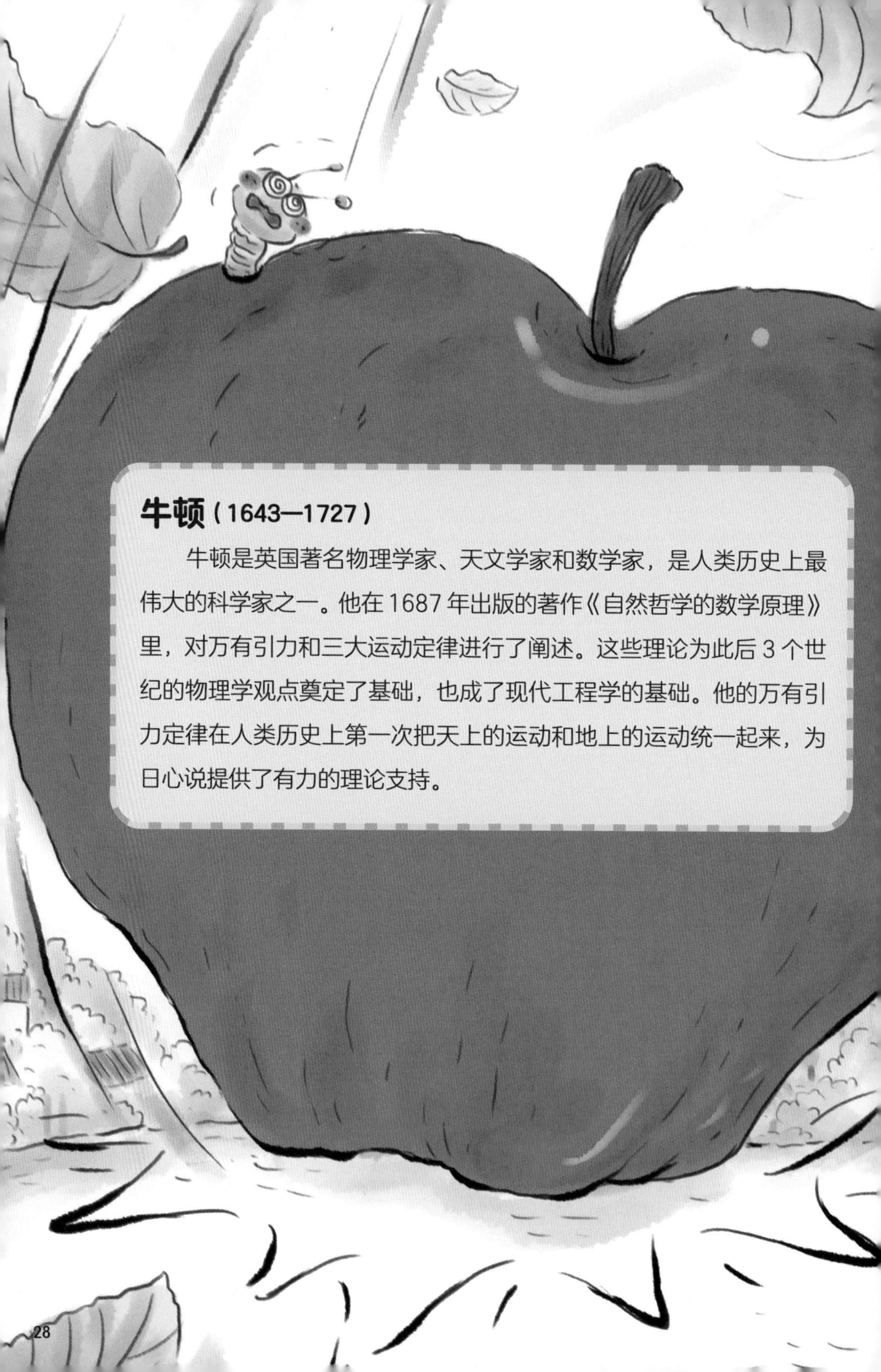

牛顿（1643—1727）

牛顿是英国著名物理学家、天文学家和数学家，是人类历史上最伟大的科学家之一。他在1687年出版的著作《自然哲学的数学原理》里，对万有引力和三大运动定律进行了阐述。这些理论为此后3个世纪的物理学观点奠定了基础，也成了现代工程学的基础。他的万有引力定律在人类历史上第一次把天上的运动和地上的运动统一起来，为日心说提供了有力的理论支持。